像鲨鱼一样睡觉

〔瑞典〕丽莎·拉格瓦尔斯 著
〔瑞典〕艾玛·格斯奈 绘　王梦达 译

GUANGXI NORMAL UNIVERSITY PRESS
广西师范大学出版社
·桂林·

比莉依次和衣柜上的动物道过晚安后，又抱了抱鲨鱼，亲了亲猫咪，冲窗外的星星挥了挥手。现在只剩一件事要做——睡觉。

快看，
爸爸！

爸爸叹了口气。

"玩得差不多了吧，"他说，"去床上躺好，乖乖睡觉。"

躺着多没劲啊。比莉更喜欢头朝下，脚朝上，就像……

蝙蝠

　　蝙蝠是倒挂着睡觉的，头朝下，脚朝上。一旦敌人偷袭，它们只要松开脚爪，扇扇翅膀就能飞走。蝙蝠睡觉的地方通常比较隐蔽，别的动物很难发现，比如树洞里或者桥下面。

　　蝙蝠大多在白天睡觉，而且会叫上自己的小伙伴一起呼呼大睡。有些种类的蝙蝠特别喜欢成群结队地睡在一起，一个洞穴里的数量甚至可以达到两千万只！

　　过了一会儿，比莉开始有点儿害怕。像蝙蝠那样一直倒挂在半空睡觉，她还真不敢。还不如学一学……

比莉，快给我下来！

蜗牛

蜗牛爬到哪儿，就将卧室带到哪儿，想睡就睡，真方便！它们可以随时缩进壳里，一连睡上好几天，甚至更长的时间。

曾经，几名科学家发现了一只不同寻常的沙漠蜗牛。大家都以为它已经死了，就把它捐赠给了伦敦的一家博物馆，而博物馆的工作人员把它粘在纸上做成了标本。几年后，纸上居然出现了水渍。当博物馆的工作人员准备弄清楚这是怎么回事时，眼前的一幕令他们大吃一惊——蜗牛活生生地从壳里钻了出来！

早上好！

比莉想要伸个懒腰，可是纸箱太小了。像蜗牛一样睡觉，可真辛苦。要不学一学……

呼呼！

鲨鱼

鲨鱼睡觉时从来都不会感到拥挤，因为整个大海都是它们的卧室。

鲨鱼喜欢在黎明或者黄昏时觅食，它们能够偷偷地靠近猎物而不被发现。饱餐一顿后，它们开始歇息。

有些鲨鱼必须不停地游动，一旦停止就会被淹死。比如世界上最大的鱼——鲸鲨。由于没有鳃盖，它们只能通过不停地游动，让水通过鳃裂，才能获取足够的氧气。所以，鲸鲨就连睡觉的时候都在游泳！

鲸鲨还有另一个有趣的特点：它们都是睁着眼睛睡觉的。要是你见到一只睁大眼睛的鲸鲨，还真分不清它是睡着了还是醒着呢。

比莉想爸爸了，在大海里生活好孤单啊。她实在没法儿像鲨鱼一样睡觉，说不定可以学一学……

水獭

　　水獭喜欢和小伙伴们一起，肚皮朝天，浮在水面上睡觉。

　　睡觉时，水獭会握住彼此的爪子，这样就不怕小伙伴漂走啦。聪明吧！

　　小水獭通常躺在爸爸妈妈的肚皮上睡觉——这真是令人羡慕的待遇！

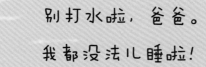

别打水啦，爸爸。

我都没法儿睡啦!

比莉差点儿没从爸爸肚皮上滚下来。

水里晃晃悠悠的，水獭是怎么睡着的呢?

算了，还是学一学……

熊

冬天到了，有些熊会睡一个长长长长的觉，比如棕熊。没错，它们要冬眠啦。它们可能钻进山洞里，可能藏在石缝里，也可能挖个地穴躲进去，有时一睡就是六个月！冬眠的时候，它们基本不吃，不喝，也不尿尿。能憋这么久，真厉害！

夏天的时候，棕熊也会犯困。天气热的时候，它们除了晚上睡一会儿，白天还要打好几个盹儿。

比莉在心里嘀咕：一觉睡半年，多无聊啊！熊做得到，她可做不到。没准儿她能学一学……

长颈鹿

全世界的陆地动物中，就属长颈鹿的个头最高啦。长颈鹿从不睡懒觉，它们比绝大多数哺乳动物睡得都少：每天顶多睡两个小时，有时候一次睡五分钟就够了！

长颈鹿常常站着睡觉，有时候也会躺下休息。这时，它们会把整个身体蜷缩起来，脑袋靠在后腿上。看起来，就好像它们用自己长长的脖子打了个结似的。

晚——安！

比莉拼命把脑袋往后仰，差点儿摔个倒栽葱。看来，长颈鹿的绝招她是学不会了。没准儿她能学一学……

斑马

斑马喜欢站着睡觉。危险的狮子一来，它们就能赶紧逃跑。

一直站着可够累的，不过这对斑马来说不成问题，因为它们靠着腿骨、韧带和肌肉的配合，可以"锁定"膝盖的各个关节。有了这个本事，它们睡觉时就不会累，更不会跌倒啦。

比莉也想站着睡，可两条腿直打弯。
学斑马睡觉太难了，不如学一学……

哼，
你们能
睡好吗？

海象

　　似乎无论什么时候，无论什么地点，海象都能睡得着。它们浮在水里能睡，靠在小伙伴身上也能睡。有些海象睡觉的时候，还会把长牙插在巨大的浮冰里。舒服估计谈不上，不过倒是很实用！这样它们就不会被海浪卷走啦。

比莉很喜欢挨着别人睡，可是与这么多海象挤在一起，她还是有点儿受不了。要不，还是学一学……

鸭子

　　成群的鸭子睡觉时，总是挤挤挨挨排成一排。它们偶尔也会交换位置，但负责放哨的始终是最外侧的那一只。负责放哨的鸭子只能闭一只眼，另一只眼需要随时注意周围的动静。这样，其他鸭子才能安安心心睡个好觉。

睁一只眼闭一只眼睡觉太难了，比莉必须把两只眼睛都闭上才能睡得着。算了，还是学一学……

哎呀，对不起！

欧洲鼬

欧洲鼬天生爱玩。玩到很累很累的时候，它们可能一倒头就睡着了。熟睡时，欧洲鼬会彻底放松下来，身体软软的，怎么叫都叫不醒。好容易睡到自然醒，欧洲鼬会哆嗦几下，算是深度睡眠后的小热身。

对于欧洲鼬来说，一天睡十五个小时并不稀奇。差不多和比莉爸爸妈妈的睡眠时长加起来一样多！

玩着玩着就睡着了？比莉觉得很扫兴。

她可不想像欧洲鼬那样。要不，还是学一学……

青蛙

　　和棕熊一样，青蛙也会冬眠。它们喜欢在湖底、沼泽地甚至井里过冬。相比于其他很多动物，青蛙的耐冻能力更强。在冬眠时，它们的心脏会停止跳动。春天到来，气温回暖后，它们就又能活蹦乱跳啦。

　　比莉冻得直哆嗦，她第一次怀念起自己温暖的小床。

　　像青蛙一样，一整个冬天都睡在外面，那滋味肯定不好受。

她既做不到像斑马那样站着睡，也做不到像鲸鲨那样游着睡。

她既要比长颈鹿睡得多一些，又要比欧洲鼬睡得少一些。

所以睡觉这件事吧，她还是想要像个······

孩子

　　婴儿很容易犯困，需要的睡眠时间也长。他们不仅要睡上一整晚，白天也要睡好几次。对于稍大点儿的孩子来说，除了晚上睡个整觉，白天通常也需要再睡上一次。孩子正是长身体的时候，身体和大脑都需要休息，自然也就睡得时间长。

　　人的一生，大约有三分之一的时间都是在睡眠中度过的！睡眠对我们来说，是十分重要的，所以一定要保证足够的睡眠时间哦。

一些孩子会梦游。他们会在睡觉的时候吃东西，讲话，甚至穿衣服！到了第二天早上，他们又什么都不记得啦。

比莉回到自己的房间。被窝暖暖的，枕头贴在脸上软软的，太适合睡觉啦。

爸爸问她："想不想听个睡前故事？"比莉摇了摇头。